U0384937

## 大马警官

　　生肖小镇负责维持交通秩序的警察，机警敏锐。有一辆多功能警用摩托车，叫闪电车，能变出机械长臂进行救援。

## 喇叭鼠

　　生肖小镇玩具店的老板，也是交通安全志愿者，有一个神奇的喇叭，一吹就能出现画面。

芝芝爸爸——喇叭鼠

芝芝

# 编　委　会

## 主　编

刘　艳

## 编　委

李　君　　朱建安

朱弘昊　　丛浩哲

乔　靖　　苗清青

交警叔叔阿姨送给小朋友的礼物！

图书在版编目(CIP)数据

小老鼠玩捉迷藏 / 葛冰著；赵喻菲等绘；公安部道路交通安全研究中心主编. - 北京：研究出版社，2023.7
(交通安全十二生肖系列)
ISBN 978-7-5199-1478-3

Ⅰ.①小… Ⅱ.①葛… ②赵… ③公… Ⅲ.①交通运输安全 - 儿童读物 Ⅳ.①X951-49

中国国家版本馆CIP数据核字(2023)第078914号

◆ 特别鸣谢 ◆

湖南省公安厅交警总队
广东省公安厅交警总队
武汉市公安局交警支队
北京交通大学幼儿园
北京市丰台区蒲黄榆第一幼儿园

## 小老鼠玩捉迷藏（交通安全十二生肖系列）

| | | |
|---|---|---|
| 出版发行：中国出版集团有限公司 研究出版社 | 策　划： | 公安部道路交通安全研究中心 |
| 出 品 人：赵卜慧 | | 银杏叶童书 |
| 出版统筹：丁　波 | | |

| | |
|---|---|
| 责任编辑：许宁霄 | 编辑统筹：文纪子 |
| 装帧设计：姜　楠 | 助理编辑：唐一丹 |

| | |
|---|---|
| 地址：北京市东城区灯市口大街100号华腾商务楼 | 邮编：100006 |
| 电话：(010) 64217619　64217652（发行中心） | |

| | |
|---|---|
| 开本：880毫米×1230毫米　1/24　印张：18 | 字数：300千字 |
| 版次：2023年7月第1版 | 印次：2023年7月第1次印刷 |
| 印刷：北京博海升彩色印刷有限公司 | 经销：新华书店 |

| | |
|---|---|
| ISBN　978-7-5199-1478-3 | 定价：384.00元（全12册） |

交通安全十二生肖系列

公安部道路交通安全研究中心　主编

# 小老鼠玩捉迷藏

葛 冰 著　聂 楚 绘

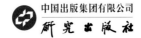
中国出版集团有限公司
研究出版社

　　小老鼠芝芝的爸爸在小镇上开了一家玩具店，叫喇叭鼠玩具店。他有一个神奇的小喇叭，一吹就能出现画面，大家都叫他喇叭鼠。

2

这一天，喇叭鼠要去小狗贝贝家送货，
芝芝也想跟爸爸一起去。

到了小狗贝贝家，贝贝和妈妈已经等在门口。

芝芝说："爸爸，我想跟贝贝玩一会儿。"

"好吧！不过你们不要乱跑哟。"

二单元

"贝贝，我们来玩捉迷藏吧。"

"我肯定能抓到你，我的鼻子可灵了！"

贝贝吸着鼻子很快找到了吉普车。

看到贝贝来了，芝芝悄悄躲到了车前面。

他们都没注意到，
虎叔叔已经坐在车里，
准备发动汽车了。

指挥中心：危险报告！危险报告！和平家园停车场有儿童在车辆周围玩耍，请立刻出动！

为了您的安全，我们一马当先！

大马警官及时赶到，告诉虎叔叔："千万别发动车！
你的车前有一个小孩儿，还有一个小孩儿在车后！"

"孩子们，你们在汽车周围玩太危险了。要是遇到粗心马虎的司机，开车之前没有好好看车的周围，车一开动可太危险了。"

"如果你们在这些地方玩，司机在车里看不到哟。"

17

大马警官告诉两位家长："不能放任孩子在车辆周围和有车行驶的区域玩耍。"

喇叭鼠说:"刚才可真是太危险了,下次还是让孩子待在车里面等我吧。"

大马警官连忙说:"小朋友独自留在车里,也危险!"

听完大马警官的讲解，喇叭鼠说："原来维护交通安全这么重要，我也想帮点忙。"

大马警官说："那太好了，你可以做交通安全志愿者！"

喇叭鼠说："我有一个神奇喇叭，能吹出画面，向大家展示交通安全要点。"

大马警官连连点头："好好好，妙妙妙，用你的神奇喇叭宣传交通安全有必要。"

就这样，喇
叭鼠成为了生肖
小镇的交通安全
志愿者。

# 这里不能捉迷藏

停车场，出入口，

车子来了车子走。

车子周围很危险，

车里司机难看见。

1, 2, 3……

小朋友们，千万不要在车辆周围玩耍哟！

# 停车区域隐藏的危险

家长朋友们，千万不要放任孩子像故事中的小老鼠芝芝与小狗贝贝一样在停车场、小区或路侧的停车区域玩耍。虽然这些区域内的车辆通常都是静止的或者行驶速度较慢，但隐藏着很大的风险！

由于车体遮挡，汽车前后都存在视觉盲区，尤其是汽车前盲区和A柱盲区范围较大，加上孩子身材矮小，特别是在玩耍时，往往是蹲坐在地上的，更不容易被驾驶人发现，所以孩子在这些区域玩耍十分危险。

因此，家长朋友们，请您特别要注意以下三点：

❶ 常常提醒孩子不要在停车场、小区或路侧的停车区域以及静止

的车辆周围玩耍或停留。

❷ 如果您是一名驾驶人，请您在上车前一定注意查看车辆周围。

❸ 驾车行经小区、停车场出入口时，一定放慢车速、脚备刹车、注意观察，谨防有蹲坐或嬉闹玩耍的孩子。